BEI GRIN MACHT SICH IHR WISSEN BEZAHLT

- Wir veröffentlichen Ihre Hausarbeit, Bachelor- und Masterarbeit

- Ihr eigenes eBook und Buch - weltweit in allen wichtigen Shops

- Verdienen Sie an jedem Verkauf

Jetzt bei www.GRIN.com hochladen und kostenlos publizieren

Benjamin Scholz

Glaziale Erosions- und Akkumulationsformen

GRIN Verlag

Bibliografische Information der Deutschen Nationalbibliothek:

Die Deutsche Bibliothek verzeichnet diese Publikation in der Deutschen National-
bibliografie; detaillierte bibliografische Daten sind im Internet über http://dnb.d-
nb.de/ abrufbar.

Dieses Werk sowie alle darin enthaltenen einzelnen Beiträge und Abbildungen
sind urheberrechtlich geschützt. Jede Verwertung, die nicht ausdrücklich vom
Urheberrechtsschutz zugelassen ist, bedarf der vorherigen Zustimmung des Verla-
ges. Das gilt insbesondere für Vervielfältigungen, Bearbeitungen, Übersetzungen,
Mikroverfilmungen, Auswertungen durch Datenbanken und für die Einspeicherung
und Verarbeitung in elektronische Systeme. Alle Rechte, auch die des auszugsweisen
Nachdrucks, der fotomechanischen Wiedergabe (einschließlich Mikrokopie) sowie
der Auswertung durch Datenbanken oder ähnliche Einrichtungen, vorbehalten.

Impressum:

Copyright © 2009 GRIN Verlag, Open Publishing GmbH
Druck und Bindung: Books on Demand GmbH, Norderstedt Germany
ISBN: 978-3-656-19188-9

Dieses Buch bei GRIN:

http://www.grin.com/de/e-book/193463/glaziale-erosions-und-akkumulationsformen

GRIN - Your knowledge has value

Der GRIN Verlag publiziert seit 1998 wissenschaftliche Arbeiten von Studenten, Hochschullehrern und anderen Akademikern als eBook und gedrucktes Buch. Die Verlagswebsite www.grin.com ist die ideale Plattform zur Veröffentlichung von Hausarbeiten, Abschlussarbeiten, wissenschaftlichen Aufsätzen, Dissertationen und Fachbüchern.

Besuchen Sie uns im Internet:

http://www.grin.com/

http://www.facebook.com/grincom

http://www.twitter.com/grin_com

RWTH Aachen

Geographisches Institut

Grundseminar Physische Geographie A

Sommersemester 2009

Seminararbeit

23.3.2009

Glaziale Erosions- und Akkumulationsformen

Benjamin Scholz

Benjamin Scholz

2. Semester

Studienfach: B.Sc. Angewandte Geographie

Inhalt

Abbildungsverzeichnis

1 Einleitung

Der Einfluß von Schnee, Eismassen und Gletschern auf die Landschaftsformen der Erde ist ein wichtiger Forschungsbereich in der Geomorphologie. Im Verlauf der Erdgeschichte war die Erdoberfläche unterschiedlich stark von Eis bedeckt. Der Wandel der vorherrschenden Klimabedingungen auf der Erde bedingt sowohl das Abschmelzen als auch die Ausdehnung der Eismassen. Aufgrund der globalen Erwärmung wird gegenwärtig der weltweite Rückgang der Eisbedeckung beobachtet. In den vergangenen Kaltzeiten herrschte hingegen die weiträumige Ausbreitung der Eismassen vor. Dabei hat das Eis formend auf die Erdoberfläche eingewirkt. Viele markante Landschaften, u.a. in Europa und Nordamerika, sind dadurch entstanden. Die Spuren, welche die Eismassen dort hinterlassen haben, treten auf unterschiedliche Art in Erscheinung. In den glazial geprägten Gebieten sind viele typische Formen bis in die heutige Zeit erhalten geblieben. Diese Gegebenheiten begünstigen sowohl die Erforschung der Gletscher als auch die Untersuchungen über den Einfluß von Gletscherbewegungen auf die Landschaft und das Relief.

Diese Arbeit beschäftigt sich mit den glazialen Erosions- und Akkumulationsformen und stellt eine Zusammenschau des glazialen Formenschatzes dar. Dabei wird ausschließlich auf Formen und Prozesse eingegangen die im unmittelbaren Zusammenhang mit dem Gletschereis stehen. Glazifluviale Formen und Prozesse werden nicht behandelt.

2 Die Bedeutung des Begriffs „glazial"

Nach Leser (2003:277) ist das Glazial ein klimatischer Zeitraum in dem Formenbildung durch Eiswirkung stattfindet. Der Begriff ist nicht gleichbedeutend mit eiszeitlich oder kaltzeitlich, da die unter Eisbedingungen entstandenen Formen und Sedimente auch vorzeitlich gebildet werden konnten oder gegenwärtig entstehen.

Insgesamt werden alle Formen und Prozesse die mit Gletschern in Verbindung stehen unter dem Oberbegriff glazial zusammengefaßt (Schreiner, 1997:3). Das Vorkommen von glazialen Erosions- und Akkumulationsformen beschränkt sich auf das Verbreitungsgebiet der Gletscher. Dieses Gebiet kann entsprechend der vorhandenen Glazialformen in das Abtragungs- und das Ablagerungsgebiet aufgeteilt werden (Ahnert, 2003:351).

3 Gletscherbewegung und glaziale Erosionsprozesse

Die Voraussetzungen zur Bildung von glazialen Erosions- und Akkumulationsformen sind Prozesse, die mit der Gletscherbewegung zusammenhängen. Bedeutsam für die Gletscherbewegung ist die Änderung des Aggregatzustands des Wassers von flüssig zu fest. Das Gletschereis besteht aus Eiskörnchen, die sich aus geschichteten Eisblättchen zusammensetzen. Bei einer Druckzunahme verschieben sich diese Blättchen und das Gletschereis schmilzt. Bei einer Druckabnahme gefriert das Wasser wieder. Dieser Vorgang wird als Regelation bezeichnet. Die Volumenänderung der Eiskörnchen infolge der Regelation führt zur Bewegung des Gletschereises (Fraedrich, 1996:12-13).

Das durch Verwitterung und Frostsprengung aufbereitete Gesteinsmaterial wird von einem vorrückendem Gletscher aufgenommen (Schreiner, 1997:12). Der Gletscher fungiert als eine Art Förderband. Nahezu unabhängig von Größe und Gewicht kann Schuttmaterial auf der Gletscheroberfläche und im Gletschereis ins Tal transportiert werden (Goudie, 2002:120). Die Erosion durch Gletschereis wird in drei verschiedene Prozesse gegliedert. Der Prozeß der Exaration beschreibt Vorgänge die beim Vorrücken des Gletschers ablaufen. Der Gletscher schiebt im Bereich der Gletscherstirn Gesteinsmaterial zusammen. Dieses wird durch Pressen und Bewegungsdruck verdichtet und gestaucht. Außerdem wird der Untergrund unregelmäßig vertieft.

Der Vorgang der Detersion bezeichnet die Glättung, Rundung und Ritzung der Gesteinsoberfläche über die der Gletscher fließt. Das mitgeführte Gesteinsmaterial innerhalb des Gletschereises verursacht zusätzlich Gletscherschrammen auf der Felsoberfläche. Anhand dieser Schrammen läßt sich die Bewegungsrichtung des Eises nachvollziehen. Unter dem Vorgang der Detraktion wird das Herausbrechen von Gesteinsmatrial durch die Zugkraft des Gletschers verstanden (Heinrich/Hergt, 2006:120). Kommt es zu einem Stillstand der Gletscherbewegung frieren Festgesteinsbereiche des Untergrundes an die Unterseite des Gletschers an. Wenn sich der Gletscher weiterbewegt werden diese Bereiche herausgebrochen und mit dem Eis abtransportiert (Leser, 2003:284).

Durch glaziale Erosionsprozesse kann eine Oberflächenerniedrigung von 2-3 Metern pro Jahrtausend erreicht werden. Gegenüber der fluvialen Erosionsleistung ist dies zehnmal so viel (Goudie, 2002:120).

4 Glaziale Erosionsformen

Landschaftsformen die durch glaziale Erosionsprozesse entstehen sind abhängig von verschiedenen Faktoren. Die Formenbildung wird durch die Eigenschaften des Gletschers, die Struktur des Grundgebirges, die Dauer der Vergletscherung und die Topographie bestimmt. Zu den formenden Eigenschaften des Gletschers zählen Mächtigkeit, Fließgeschwindigkeit, Fließrichtung und Temperatur des Eises. In Wechselwirkung dieser Faktoren entstehen jeweils unterschiedliche glaziale Erosionsformen (Sugden/John, 1976:168).

4.1 Glaziale Talformen

Trogtäler zählen zu den wichtigsten glazialen Erosionsformen. An der Entstehung dieser Talform sind sowohl fluviale als auch glaziale Erosionsprozesse beteiligt. Der Unterschied zwischen diesen beiden Erosionsprozessen liegt in der Größe der Fläche auf die das Wasser bzw. das Eis erosiv wirkt. Abbildung 1 zeigt die Querschnitte von zwei Tälern. Die linke Abbildung verdeutlicht, dass ein Fluß nur auf einen kleinen Teil des Talbodens erosiv wirkt. In der rechten Abbildung ist zu erkennen, dass ein Gletscher eine wesentlich größere Kontaktfläche mit der Taloberfläche hat. Im Gegensatz zur fluvialen Erosion erodiert der Gletscher nicht nur den Talboden, sondern auch die Talflanken (Price, 1973:52).

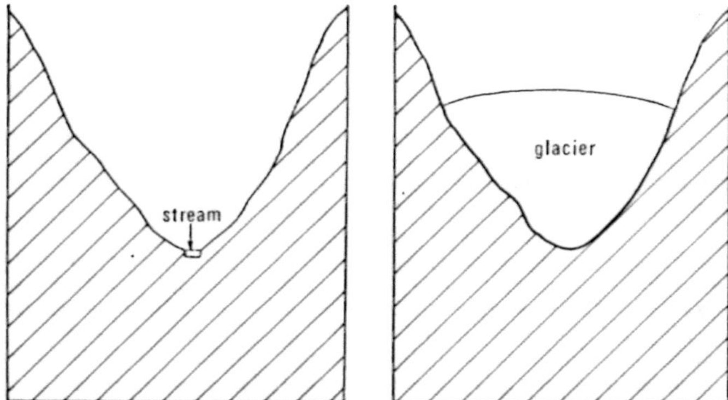

Abbildung 1 Einflussbereiche von fluvialer (stream) und glazialer Erosion (glacier) innerhalb eines Talprofils (Price, 1973:53).

Durch die Vergletscherung eines V-förmigen Kerbtals wird dieses vertieft und verbreitert. Es entsteht die U-förmige Gestalt. Nach dem Rückzug des Gletschers ist die Entstehung des Trogtals abgeschlossen (Schreiner, 1997:20). Steilfelsige Hänge begrenzen das Trogtal zu beiden Seiten. Diese Hänge sind meist durch die Einwirkung des Gletschereises glatt geschliffene oder gestriemte Felswände. Sie können senkrecht und mehrere hundert Meter hoch sein. Der Talboden ist bedeckt von Grundmoränenmaterial, Hangschutt und fluvialen Sedimenten (Leser, 2003:288-289).

Nach Linton (1972:156-159) können die unterschiedlichen Trogtalformen in vier Gruppen unterteilt werden. Die Unterteilung erfolgt nach den voreiszeitlichen Gegebenheiten der Flußtäler, in denen sich die Trogtäler entwickelt haben. Es gibt den alpinen, isländischen, zusammengesetzten und den intrusiven Typ. Der alpine Typ kommt in Hochgebirgstälern vor. Dort wird die Ausdehnung der Eismassen durch allseitig höher liegende Flächen begrenzt. Der Gletscher nimmt das gesamte Talsystem ein und formt es um. Bei dem isländischen Typ breitet sich der Gletscher auf einer ebenen Fläche aus. Diese wird nur teilweise von höheren Felsen und Gebirgszügen begrenzt. Bei dem zusammengesetzten Typ werden zwei getrennte Täler durch die Ausdehnung des Gletschers zu einem neuen Tal verbunden. Das Überfließen der Eismassen von Gebirgspässen wird dabei als Transfluenz bezeichnet. Bei dem intrusiven Typ rückt der Gletscher in ein

Talsystem vor. Die formende Wirkung der Eismassen verläuft im Unterschied zu den anderen Typen nicht hangabwärts sondern hangaufwärts.

Fjorde sind eine weitere glaziale Talform. Bei diesen handelt es sich um Trogtäler die zum Teil überschwemmt wurden. Sie kommen daher größtenteils an Gebirgsküsten der höheren Breiten (ab 45° n./s.) vor. Fjorde liegen darüber hinaus vermehrt an der West- als an der Ostküste. Beispiele sind die Küsten von Britisch Kolumbien, Süd Chile, Ost Kanada, Norwegen und Grönland (Embleton/King, 1975:294). Die Überschwemmung des Trogtals kann zwei Ursachen haben. Mögliche Ursachen sind entweder der nacheiszeitliche Anstieg des Meeresspiegels oder die glaziale Übertiefung des Trogtals unter das Meeresniveau. Die zweite Möglichkeit erklärt die Entstehung der meisten Fjorde. Rückt ein Gletscher ins Meer vor, liegt der größte Teil seiner Masse unter dem Wasser. Die glaziale Erosion wird dadurch nicht beeinträchtigt. Der Gletscher erodiert unter den Meeresspiegel. Gegenwärtig kann die Entstehung von Fjorden an der Küste von Alaska beobachtet werden. Dort schmelzen derzeit die Gletscher ab und das Meerwasser tritt in die Trogtäler ein (Strahler/Strahler, 2002:475).

4.2 Rundhöcker

Ein Rundhöcker ist eine Festgesteinsform. Sie entsteht durch die Einwirkung von Detersion und Detraktion an einer Erhebung des Felsuntergrundes. Der Fels besitzt einen flachen, stromlinienförmig gerundeten Luvhang und einen steilen, kantigen Leehang. Seine Form ist asymmetrisch. Abbildung 2 zeigt typische Rundhöcker in einer Landschaft. Anhand der Lage des Rundhöckers im Gelände kann die Fließrichtung des Gletschers nachvollzogen werden. Der Pfeil weist in die Richtung in die der Gletscher vorgerückt ist.

Abbildung 2 Rundhöcker in einer Landschaft (Leser, 2003:284).

Rundhöcker entstehen meist in Gebieten verlangsamter Gletscherbewegung. Beispiel-
regionen sind die Passhöhen des St. Gotthard in den Schweizer Alpen, Nord- und Mit-
telschweden sowie Finnland (Ahnert, 2003:360). Damit sich eine solche Strömungsform
ausbildet muss der Gesteinsuntergrund der abschleifenden Wirkung des Gletschereises
über einen längeren Zeitraum ausgesetzt sein. Die Fließrichtung des Gletschers darf
sich nicht ändern und die Temperatur des Eises muss sich nahe der Gefrierpunktgrenze
befinden (Kuhle, 1991:28).

4.3 Karformen

Der Ursprungsbereich eines Gletschers wird als Kar bezeichnet. Die Form des Kars
wird bestimmt von der Klüftung, den klimatischen Bedingungen, der Gesteinsart und der
Gesteinsstruktur. Kare können kreisrunde, eckige, längliche oder gewundene Grundris-
se aufweisen (Leser, 2003:285). Die Kare entstehen in Hochgebirgsmulden. Über mehrere Jahre sammelt sich dort Schnee an. Dieser wandelt sich mit der Zeit von Firn zu
Gletschereis um. Füllt das Eis die Mulde aus beginnt es als Kargletscher bergab zu flie-
ßen und die glaziale Erosion setzt ein. Der Untergrund wird durch Detersion und Detraktion vertieft und die Hänge werden versteilt. Es entsteht die lehnsesselförmige Gestalt der Kare (Fraedrich, 1996:54). Aufgrund der Entstehungsbedingungen sind die
Kare in Europa und Nordamerika größtenteils nordwest- bis südostexponiert. Die An-
häufung größerer Schneefelder wird dort einerseits durch die geringere Sonnenein-
strahlung begünstigt und andererseits durch schneebringende Winde aus dem Westen
ermöglicht. Nach dem Abschmelzen des Gletschers bleibt das vertiefte Karbecken zurück. In dieser Hohlform kann sich ein See bilden. Dieser wird als Karsee bezeichnet.
Weitere Formen, die durch Kare entstehen, sind Grate und Hörner. Bilden sich mehrere
Kare nebeneinander werden die dazwischen liegenden Kämme oder Pässe verschmä-
lert und versteilt. Steile und scharfkantige Grate bleiben zurück. Erodieren Kargletscher
einen Berg von allen Seiten formen sie ein pyramidenartiges Horn bzw. einen Karling
(Goudie, 2002:123-124).

5 Glaziale Akkumulationsformen

Das vom Gletschereis aufgenommene und transportierte Gesteinsmaterial wird als Moränenmaterial bezeichnet. Die Bezeichnung des Moränenmaterials richtet sich nach der Lage im Gletschereis. Die Obermoräne ist das Material auf dem Gletscher. Als Mittel- und Innenmoräne wird das Material im Gletschereis bezeichnet. Das Material unterhalb des Gletschereises ist die Grundmoräne. Die Gesamtheit des beschriebenen Moränenmaterials ist ursächlich für die Entstehung von glazialen Akkumulationsformen. Nach dem Rückgang der Gletscher bleibt dieses Gesteinsmaterial in dem ehemals vergletscherten Gebieten zurück und lagert sich ab. Als Überbegriff für das abgelagerte Moränenmaterial wird die Bezeichnung Geschiebe verwendet (Goudie, 2002:127).

5.1 Geschiebe

Das Geschiebe setzt sich zusammen aus Gesteinspartikeln die größer als 1 cm sind. Dazu zählen Grobkiespartikel, Steine und Blöcke. Das Gesteinsmaterial ist nicht nach Korngröße sortiert. Tritt das Geschiebe in Verbindung mit feineren Korngrößen (Schluffe und Tone) auf, wird es als Geschiebelehm bezeichnet. Enthält es kalkige Bestandteile handelt es sich um Geschiebemergel. Bei erratischen Geschieben handelt es sich um mehrere Meter große Gesteinsblöcke. Sie weisen eine geologische Zusammensetzung auf, die im anstehenden Gestein des Ablagerungsgebietes nicht vorhanden ist. Diese Gesteinsblöcke werden Erratika oder Findlinge genannt. Sie können als Indikator für die Herkunft des Moränenmaterials genutzt werden (Ahnert, 2003:365).

Die Geschiebearten werden in Ablagerungs- und Ablationsgeschiebe eingeteilt. Bei den Ablagerungsgeschieben handelt es sich um Moränenmaterial welches sich am Gletschergrund abgelagert hat. Ablationsgeschiebe sind Ablagerungen, die durch das Abschmelzen des Gletschers entstehen. Im Gletschereis enthaltenes Material wird durch Schmelzvorgänge an die Gletscheroberfläche befördert. Gletschergeschiebe lagert sich häufig in Form von Wällen ab. Sind diese Wälle am Gletscherrand entstanden zeigen sie die maximale Ausbreitung des Gletschers an. Sie werden dann als Endmoränen bezeichnet. Endmoränen können eine Mächtigkeit von mehr als 100 Metern aufweisen und hunderte von Kilometern lang sein (Goudie, 2002:127).

5.2 Toteishohlformen und Sölle

Toteisblöcke entstehen beim zurückschmelzen des Gletschers. Am Gletschereisrand werden Teile des Eises von der fließenden Eismasse abgetrennt und bleiben zurück. Durch die unterschiedliche Mächtigkeit des Gletschereises können manche Bereiche vollständig abschmelzen. Dadurch kommt es zur Abtrennung des Eises. Die unbewegliche Eismasse wird Toteis genannt (Fraedrich, 1996:70). Abgelagertes Moränenmaterial kann die Toteisblöcke überdecken und über einen längeren Zeitraum vor dem Abschmelzen schützen. Taut das Toteis unter dieser Deckschicht auf entstehen Toteishohlformen. Diese zeigen sich als Löcher und Kessel auf der Moränenoberfläche. Füllen sich diese Hohlformen mit Schmelz- oder Niederschlagswasser bilden sich Seen oder Tümpel. Kleine Toteishohlformen werden als Sölle bezeichnet (Leser, 2003:300-301).

5.3 Drumlins

Der Begriff Drumlin leitet sich von dem irischen Wort druin (Hügelchen) ab. Diese langgezogenen Höhenrücken haben eine stromlinienförmige Gestalt, vergleichbar mit der Form des Rundhöckers. Sie bestehen aus glazialem Locker- und Grundmoränenmaterial. Die Hügel haben eine Höhe von bis zu 10 m, sind bis zu 200 m lang und 50 m breit (Fraedrich, 1996:69). Die Drumlins liegen im Gebiet hinter der Endmoräne. Dort sind sie meistens als Gruppen oder Schwärme in der Landschaft zu finden. Ein Drumlinfeld kann hunderte solcher Hügel aufweisen. Da die lange Seite der Drumlins parallel zur Bewegungsrichtung des Gletschers verläuft, können Rückschlüsse auf die Gletscherbewegung gezogen werden (Strahler/Strahler, 2002:486). In Abbildung 3 sind Drumlins in einer Landschaft dargestellt. Der Pfeil zeigt in die Fließrichtung des Gletschers.

Abbildung 3 Drumlins in einer Landschaft (Leser, 2003:284).

6 Glazialformen im Alpenraum

A. Penck und E. Brückner haben zu beginn des 20. Jahrhunderts das Modell der glazialen Serie am Beispiel des deutschen Alpenraums aufgestellt. Das Modell bildet die typische Anordnung der Glazialformen in der Landschaft ab und besitzt auch heute noch Gültigkeit. Ein wesentlicher Bestandteil der glazialen Serie ist das Zungenbecken. Diese wurden von den Gletschern im Vorland angelegt und werden von den Endmoränen begrenzt. Innerhalb des Zungenbeckens kommen die glazialen Ablagerungsformen vor. Das Zungenbecken des Inngletschers in der Nähe von Rosenheim (Abbildung 4 b) weist eine deutliche Übereinstimmung mit dem Modell der glazialen Serie (Abbildung 4 a) auf. Es kann auf andere Gebiete im bayrischen Alpenvorland übertragen werden (Ahnert, 2003:372).

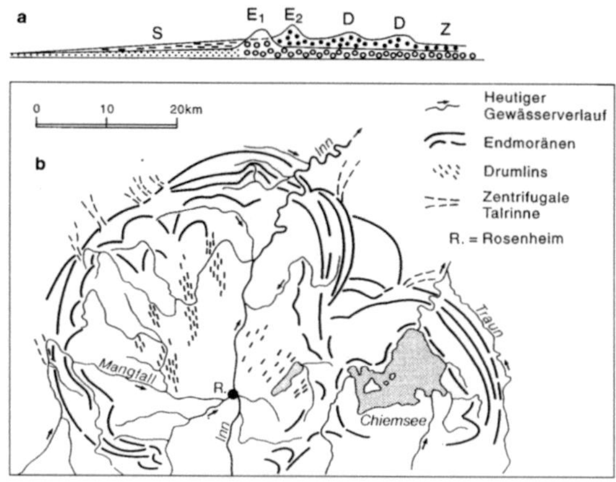

Abbildung 4

a: Die glaziale Serie im Längsschnitt (Z: Zungenbecken, D: Drumlins, E1/E2: ältere und jüngere Endmoräne, S: Sander/Schotter.

b: Glazialformen im Zungenbecken des Inngletschers (Ahnert, 2003:373).

Innerhalb des quartären Eiszeitalters gab es sieben bis zehn große Eiszeiten. In diesen Eiszeiten stießen die Alpengletscher in das Alpenvorland vor und breiteten sich dort fächerförmig aus. Der alpine Hochgebirgsraum ist durch glaziale Erosionsprozesse geprägt und stellt das Abtragungsgebiet dar. Das Alpenvorland ist das Ablagerungsgebiet (Jerz, 1995:298). Dieses ist überdeckt von schluffreichem bis schluffig–tonigem Grundmoränenmaterial. Erratische Felsblöcke sind ebenfalls im Alpenvorland zu finden. Der größte Findling wurde bei Weiler im Allgäu abgelagert. Sein ursprüngliches Volumen betrug 3000-4000 m³. In vielen ehemals vergletscherten Gebieten des Alpenvorlandes haben sich Drumlinfelder gebildet. Das Eberfinger Drumlinfeld ist das größte und bekannteste unter ihnen. Mehr als 360 Drumlins enthält dieses Feld, welches südöstlich des Starnberger Sees liegt. Weitere Drumlinfelder befinden sich u.a. nördlich des Bodensees, im Illertal und östlich von Weilheim (Jerz, 1995:301).

7 Zusammenfassung

Erst durch die Aufnahme und den Transport von Gesteinsmaterial kann das Gletschereis abtragend und formgebend auf das Relief einwirken. Die Gletscherbewegung führt zu Prozessen der Exaration, Detersion und Detraktion. Unter der Einwirkung dieser Prozesse entstehen glaziale Erosionsformen. Die Eismassen können vorhandene Flußtäler einnehmen und überformen. Es können dabei Großformen (z.B. Trogtäler) und Kleinformen (z.B: Rundhöcker, Gletscherschrammen) gebildet werden.

In den Ablagerungsgebieten sind die glazialen Akkumulationsformen zu finden. Das mitgeführte Moränenmaterial wird in den ehemals vergletscherten Gebieten als Geschiebe abgelagert. Erratika, Endmoränen, Toteishohlformen und Drumlins sind häufige Akkumulationsformen.

Die Anordnung von Glazialformen wurden von Penck und Brückner im Rahmen der glazialen Serie modellhaft dargestellt. Ein Vergleich mit den tatsächlichen Gegebenheiten im Alpenraum zeigt, dass die Anordnung von glazialen Erosions- und Akkumulationsformen diesem Modell weitestgehend entsprechen. Mehrere Eiszeiten haben die Alpen und das Vorland geprägt. In vielen alpinen Gebieten befinden sich die genannten Glazialformen.

Literaturverzeichnis

Ahnert, F. (2003³): Einführung in die Geomorphologie. Stuttgart: Eugen Ulmer.

Embleton, C./King, C.A.M. (1975²): Glacial Geomorphology. London: Edward Arnold.

Fraedrich, W. (1996): Spuren der Eiszeit: Landschaftsformen in Europa. Berlin und Heidelberg: Springer-Verlag.

Goudie, A. (2002⁴): Physische Geographie: Eine Einführung. Berlin und Heidelberg: Spektrum Akademischer Verlag.

Heinrich, D./Hergt, M. (2006): Physische Geographie. München: Deutscher Taschenbuch Verlag.

Jerz, H. (1995): Bayern. In: Benda, L. (Hrsg.) (1995): Das Quartär Deutschlands. Berlin: Gebrüder Bornträger. 296-325.

Kuhle, M. (1991): Glazialgeomorphologie. Darmstadt: Wissenschaftliche Buchgesellschaft.

Leser, H. (2003): Geomorphologie: Das Geographische Seminar. Braunschweig: Westermann Schulbuchverlag.

Linton, D.L. (1972): The Forms of Glacial Erosion. In: Embleton, C. (Hrsg.) (1972): Geographical Readings: Glaciers and Glacial Erosion. London: The Macmillan Press, 149-172.

Price, R.J. (1973): Glacial and Fluvioglacial Landforms. Edinburgh: Oliver & Boyd.

Schreiner, A. (1997²): Einführung in die Quartärgeologie. Stuttgart: E. Schweizerbart'sche Verlagsbuchhandlung.

Strahler, A.H./Strahler, A.N. (2002²): Physische Geographie. Stuttgart: UTB.

Sugden, E./John, B. (1976): Glaciers and Landscape: A Geomorphological Approach. London: Edward Arnold.